Priyanka Shukla
Anjali Kushwaha

Desenvolvimento de uma bebida probiótica utilizando soro de leite e sumo de laranja

Priyanka Shukla
Anjali Kushwaha

Desenvolvimento de uma bebida probiótica utilizando soro de leite e sumo de laranja

Uma abordagem saudável

ScienciaScripts

Cover image: www.ingimage.com

This book is a translation from the original published under ISBN 978-620-2-30290-6.

Publisher:
Sciencia Scripts
is a trademark of
Dodo Books Indian Ocean Ltd. and OmniScriptum S.R.L publishing group

120 High Road, East Finchley, London, N2 9ED, United Kingdom
Str. Armeneasca 28/1, office 1, Chisinau MD-2012, Republic of Moldova, Europe
Managing Directors: Ieva Konstantinova, Victoria Ursu
info@omniscriptum.com

Printed at: see last page
ISBN: 978-620-8-58105-3

ÍNDICE

Resumo

Os probióticos são microrganismos que proporcionam benefícios para a saúde quando consumidos. O termo probiótico é atualmente utilizado para indicar os microrganismos ingeridos associados a efeitos benéficos para os seres humanos e animais. As bebidas probióticas são tipicamente bebidas lácteas com consistência semelhante ao leite. São consumidas para a saúde digestiva. A adição de probióticos ao soro de leite aumentará as propriedades e os benefícios para várias vezes. A adição de sumo de laranja confere-lhe melhores propriedades sensoriais e, sobretudo, aumenta o prazo de validade da bebida. O objetivo geral do trabalho de investigação foi desenvolver uma bebida probiótica a partir de soro de leite e sumo de laranja, determinar as propriedades físico-químicas e verificar a estabilidade do sumo durante o prazo de validade. A bebida probiótica foi preparada misturando soro de leite e laranja em cinco proporções diferentes: 80:20, 75:25, 70:30, 65:35 e 50:50. As diferentes misturas foram inoculadas com 1% de inóculo de *Lactobacillus acidophilus* e *Bifidobacterium bifidium* e o tempo de fermentação foi optimizado para 24 horas. A proporção de mistura 65:35 de soro de leite e sumo de laranja fermentado durante 24 horas deu resultados desejáveis com pontuações sensoriais mais elevadas para a aceitabilidade global e contagens máximas de viáveis em ambos fermentados com *Lactobacillus acidophilus* e *Bifidobacterium bifidium*. Não houve diferença significativa nos resultados fermentados com *Lactobacillus acidophilus* e *Bifidobacterium bifidium*, mas os resultados da bebida probiótica com *Bifidiobacterium bifidium* mostraram resultados um pouco melhores em comparação com a bebida probiótica fermentada com *Lactobacillus acidophilus.*

Palavras-chave: Soro de leite, Bebida probiótica, Bebida de soro de leite com laranja, *Lactobacillus acidophilus, Bifidiobacterium bifidium,* Qualidade sensorial, Estabilidade de armazenamento.

Capítulo 1

I. INTRODUÇÃO

Os alimentos que promovem a saúde para além de fornecerem uma nutrição básica são designados por "alimentos funcionais". Estes alimentos têm o potencial de promover a saúde de formas que não foram previstas pela ciência nutricional tradicional. A categoria geral de alimentos funcionais inclui alimentos transformados ou alimentos fortificados com aditivos promotores de saúde, como os produtos "enriquecidos com vitaminas". Os alimentos funcionais fazem parte do conjunto de produtos que os indivíduos podem consumir para melhorar a sua saúde e/ou contribuir para a redução da sua carga de doença. "Um alimento funcional é um alimento natural ou processado que contém compostos biologicamente activos conhecidos que, quando em quantidades quantitativas e qualitativas definidas, proporcionam um benefício para a saúde clinicamente comprovado e documentado e, por conseguinte, uma fonte importante na prevenção, gestão e tratamento de doenças crónicas da era moderna". O tema foi debatido na 9ª Conferência Internacional sobre "Alimentos Funcionais e Doenças Crónicas: Ciência e Prática" na Universidade de Nevada, em Las Vegas. O Functional Food Center adoptou uma nova definição de alimento funcional.

Os alimentos funcionais são um campo emergente na ciência alimentar devido à sua crescente popularidade entre os consumidores preocupados com a saúde e à capacidade dos profissionais de marketing para criar um novo interesse nos produtos existentes. O termo foi utilizado pela primeira vez no Japão nos anos 80, onde existe um processo de aprovação governamental para os alimentos funcionais, denominado Foods for Specified Health Use (FOSHU).

Os consumidores modernos estão a demonstrar continuamente um interesse notável pelos alimentos funcionais, com maior ênfase nos últimos tempos nos produtos do tipo probiótico. O principal motivo para a compra de alimentos funcionais é o desejo crescente de utilizar os alimentos para ajudar a prevenir doenças crónicas ou para otimizar a saúde. Durante as duas últimas décadas, registou-se um grande aumento das vendas mundiais de produtos funcionais que contêm bactérias probióticas, o que conduziu a um dos sectores alimentares de crescimento mais rápido, com uma taxa de crescimento anual composta de 8,6% nos 10 anos até 2012.

O desenvolvimento de alimentos probióticos para consumo humano e animal é uma área de investigação e desenvolvimento fundamental para os futuros mercados de alimentos funcionais. Os probióticos representam provavelmente o arquétipo dos alimentos funcionais, e são definidos como suplementos microbianos vivos, que afectam beneficamente o hospedeiro, melhorando o seu equilíbrio microbiano intestinal. A introdução do conceito é geralmente atribuída ao Prémio Nobel

Eli Metchnikoff, que em 1907 sugeriu que "a dependência dos micróbios intestinais dos alimentos torna possível a adoção de medidas para modificar a flora do nosso corpo e substituir os micróbios nocivos por micróbios úteis"

A definição de probióticos da Organização Mundial de Saúde de 2001 é "microrganismos vivos que, quando administrados em quantidades adequadas, conferem um benefício para a saúde do hospedeiro". Isto significa que os microrganismos devem estar vivos e presentes em quantidades elevadas, geralmente mais de 10^9 células por dose diária ingerida. Cada produto deve indicar a quantidade mínima diária necessária para conferir benefícios específicos para a saúde.FAO/OMS (2001).

Kollath (1953) definiu o termo "probiótico", quando sugeriu o termo para designar todos os complexos alimentares orgânicos e inorgânicos como "probióticos", em contraste com os antibióticos nocivos, com o objetivo de melhorar esses complexos alimentares como suplementos. **Bastani *et al.* (2012).** Vergio, na sua publicação Anti- und Probiotika, comparou os efeitos prejudiciais dos antibióticos e de outras substâncias antimicrobianas com factores favoráveis ("Probiotika") na microbiologia intestinal.

Tradicionalmente, os probióticos têm sido adicionados com sucesso a uma vasta gama de produtos alimentares à base de produtos lácteos. No entanto, o problema da intolerância à lactose e do teor de colesterol fez aumentar a procura de produtos probióticos não lácteos. Cerca de 5-15% da população europeia é intolerante à lactose e este número aumentou até 80% em algumas partes do mundo, como a Ásia Central e a África. Os produtos lácteos com bactérias probióticas não são adequados para este grupo da população devido ao seu estado de saúde. Além disso, com a crescente sensibilização para a saúde intestinal, os consumidores exigem uma maior variedade de produtos probióticos para além dos produtos alimentares à base de lacticínios. Este trabalho faz parte de um projeto em curso para avaliar o potencial dos legumes *Brassica* para o desenvolvimento de um produto à base de probióticos. Khurana e Kanawjia (2007).

As diretrizes da FAO/OMS (2002) recomendam que, embora as bactérias possam ser geralmente reconhecidas como seguras (GRAS), a segurança do potencial probiótico deve ser avaliada através dos testes mínimos exigidos. Na Europa, a AESA adoptou um sistema de pré-mercado para a avaliação da segurança de espécies microbianas utilizadas na produção de alimentos para consumo humano e animal, a fim de estabelecer prioridades para a necessidade de avaliação dos riscos. A avaliação é feita para um grupo selecionado de microrganismos que, se for favorável, conduz ao estatuto de "Presunção Qualificada de Segurança" (PSQ).

Por último, os probióticos têm de ser fornecidos em quantidades adequadas, que podem ser definidas como a quantidade capaz de desencadear o efeito pretendido no hospedeiro. Depende da especificidade da estirpe, do processo e da matriz, bem como do efeito pretendido. A maioria dos benefícios demonstrados com os probióticos tradicionais foi observada após a ingestão de uma concentração de cerca de 10^7 a 10^8 probióticos por grama, com uma dose de cerca de 100 a 200 mg por dia.

O soro de leite ou soro de leite é o líquido que resta depois de o leite ter sido coalhado e coado. É um subproduto no processo de produção de queijo. A composição e as caraterísticas do soro de leite dependem da tecnologia de produção do produto final e da qualidade do leite utilizado. O soro de leite líquido é constituído por aproximadamente 93% de água e contém quase 50% do total de sólidos presentes no leite, sendo a lactose o principal constituinte.

As bebidas de soro de leite não alcoólicas incluem uma vasta gama de produtos obtidos através da mistura de soro de leite nativo doce, diluído ou ácido com diferentes aditivos, como frutas (como maçãs, pêras, morangos ou arandos, ananás, laranja), culturas e seus produtos (principalmente farelo), isolados de proteínas vegetais, CO2, chocolate, cacau, extractos de baunilha e outros agentes aromatizantes. Está a ser dada especial atenção ao desenvolvimento da produção de bebidas de soro de leite através da fermentação do soro de leite com bactérias probióticas, a fim de produzir bebidas funcionais com elevado valor nutritivo e caraterísticas sensoriais aceitáveis.
A laranja (mais especificamente, a laranja doce) é o fruto da espécie cítrica *Citrus sinensis*, cujo fruto é considerado uma laranja doce. O sumo de laranja é o sumo das laranjas. É obtido por espremedura da laranja fresca, por secagem e posterior reidratação do sumo, ou por concentração do sumo e posterior adição de água ao concentrado. É conhecido pelos seus benefícios para a saúde, em particular pela sua elevada concentração de vitamina C. Os sumos de laranja contêm flavonóides que podem ter benefícios para a saúde. O sumo de laranja é também uma fonte do antioxidante hesperidina. Devido ao seu teor de ácido cítrico, o sumo de laranja é ácido, com um pH típico de cerca de 3,5.

Todos os impressionantes benefícios para a saúde do sumo de laranja podem ser atribuídos ao seu conteúdo nutritivo, bem como às vitaminas e minerais, incluindo vitamina C, vitamina A, tiamina, folato, potássio, fibra, proteínas, cobre, magnésio, flavonóides, hesperidina e uma variedade de outras vitaminas e minerais. Um único serviço de sumo de laranja tem mais de 200% das necessidades de vitamina C do corpo. A vitamina C, também conhecida como ácido ascórbico, funciona como um antioxidante primário no corpo e destrói ou neutraliza os radicais livres antes que eles possam causar danos aos sistemas do corpo. A vitamina C funciona como um antioxidante, e uma das funções mais importantes dos antioxidantes é a prevenção do cancro. Os antioxidantes impedem que o ADN das células saudáveis se transforme em células cancerosas, pelo que os antioxidantes como a vitamina C são a primeira linha de defesa contra o cancro e outras doenças graves. Juntamente com a vitamina C, o sumo de laranja é também muito rico em vitamina A, que actua como um antioxidante moderado. Para além disso, desintoxica o corpo ao aumentar a função dos rins. A vitamina A está desde há muito ligada à saúde dos olhos.

Os probióticos, juntamente com uma gama muito grande e diversificada de outras bactérias, colonizam o corpo humano. Estas bactérias desempenham um papel significativo na fisiologia humana. Por exemplo, foi demonstrado que os probióticos baixam o pH do trato intestinal para que as bactérias patogénicas não possam sobreviver. Além disso, as bactérias benéficas em crescimento competem com os agentes patogénicos por nutrientes e espaço no trato intestinal. Os probióticos também estão associados à prevenção da diarreia, ao alívio da obstipação, ao reforço da imunidade, à prevenção de alergias cutâneas e à melhoria da saúde urogenital das mulheres. O soro de leite é um subproduto do fabrico de queijo, por isso está facilmente disponível e tem vários benefícios para o corpo humano. Uma bebida de soro de leite pode substituir grande parte dos elementos orgânicos perdidos e dos elementos orgânicos para o fluido extracelular. É facilmente assimilável, mata a sede, é uma bebida leve e refrescante. Assim, a adição de probióticos ao soro de leite aumentará as propriedades e os benefícios para várias vezes. A adição de sumo de fruta confere-lhe melhores propriedades sensoriais e aumenta principalmente o prazo de validade da bebida. Os objectivos do presente estudo foram:

i. Desenvolver uma bebida probiótica a partir de soro de leite e sumo de laranja, ii. Estudar as propriedades físico-químicas e as caraterísticas sensoriais da bebida probiótica,

iii. Estudar a estabilidade de armazenamento da bebida probiótica.

Capítulo 2

II. MATERIAIS E MÉTODOS

Este capítulo trata da descrição de vários materiais e métodos utilizados para realizar o trabalho experimental feito para atingir os objectivos desejados do estudo intitulado "Desenvolvimento de uma bebida probiótica a partir de soro de leite e sumo de laranja".

ii.i Materiais necessários

ii.i.i Matérias-primas

ii.i.i.i Soro de leite

O leite padronizado para a preparação do soro de leite foi adquirido no mercado local para a preparação de soro de leite de boa qualidade. O leite desnatado foi então aquecido num recipiente de aço inoxidável a 85°C, seguido de arrefecimento a 70°C. O leite quente foi então acidificado através da adição de uma solução de ácido cítrico a 2%, seguida de agitação contínua, o que resultou na coagulação completa da proteína do leite (caseína). O soro de leite assim obtido foi armazenado a 4± 1°C e aquecido a 85°C antes da preparação da bebida.

ii.i.i.ii Sumo de laranja

As laranjas frescas de boa qualidade escolhidas para a preparação do sumo de laranja foram adquiridas no mercado local de fruta. As laranjas foram então descascadas e depois cortadas. A polpa da fruta foi então extraída do extrator de sumo e a polpa resultante foi passada através de um pano de musselina de dupla camada para extrair o sumo.

ii.i.i.iii Açúcar

O açúcar a granel foi adquirido no mercado local. O açúcar confere doçura, contribui para o sabor, a nutrição e a manutenção dos SST (sólidos solúveis totais). É também favorável ao crescimento da cultura bacteriana utilizada para a fermentação da bebida de soro de leite com laranja.

ii.i.i.iv Cultura

Após uma revisão detalhada da literatura sobre os benefícios dos probióticos para a saúde, a cultura liofilizada de *Lactobacillus acidophilus* e *Bifidobacterium bifidium* foi obtida no Laboratório de Microbiologia, Departamento de Tecnologia Microbiana e de Fermentação, Escola Jacob de Biotecnologia e Bioengenharia, SHIATS. Os pellets secos foram reconstituídos em 50 ml de caldo MRS (meio **deMan, Rogosa** e **Sharpe**) e cultivados durante a noite (14-16 horas) numa incubadora com agitação a 110 rpm e 37°C. Esta foi submetida a uma subcultura e cultivada novamente durante a noite. A cultura assim obtida após a segunda subcultura foi utilizada para outras experiências.

ii.i.ii Outras matérias

ii.i.ii.i Estabilizador

O estabilizador alginato de sódio foi retirado do Laboratório de Processamento de Alimentos. Os estabilizantes foram utilizados para estabilizar as emulsões e manter a dispersão dos sólidos da fruta.

Os estabilizadores também aumentam a viscosidade e melhoram a sensação na boca.

ii.i.ii.ii Conservante

O conservante Metabissulfato de Potássio utilizado na bebida foi retirado do Laboratório de Processamento de Alimentos. Os conservantes previnem ou inibem a deterioração dos alimentos devido a fungos, bactérias e outros microorganismos. Estes foram utilizados para controlar a atividade microbiana na bebida e, consequentemente, aumentar o prazo de validade das bebidas. Actuam através do ajuste do pH.

ii.i.ii.iii Emulsionantes

O emulsionante goma guar foi retirado do Laboratório de Processamento de Alimentos. Um emulsionante é uma substância que estabiliza uma emulsão, aumentando a sua estabilidade cinética. Estes conferem estabilidade a uma dispersão instável de líquidos imiscíveis, reduzindo a tensão interfacial e criando uma barreira física. A goma guar é uma goma solúvel em água.

ii.i.ii.iv Hidróxido de sódio:

O hidróxido de sódio foi utilizado para efeitos de titulação. O NaOH foi retirado do Laboratório de Processamento de Alimentos.

ii.i.iii Produtos químicos utilizados

Foram utilizados produtos químicos para a preparação de meios Lactobacillus MRS Agar para a cultura de bactérias do ácido lático.

Composition	**g/l**
Proteose peptone	10.000
Beef extract	10.000
Yeast extract	5.000
Dextrose	20.000
Cween 80	1.000
Ammonium citrate	2.000
Sodium acetate	5.000
Magnesium sulphate	0.100
Manganese sulphate	0.050
Dipotassium phosphate	2.000
Agar	12.000
Final pH (at 25°C)	6.5±0.2

O meio Lactobacillus MRS baseia-se na formulação de deMan, Rogosa e Sharpe, com ligeiras modificações. Suporta o crescimento luxuriante de todos os Lactobacilli da cavidade oral (1), produtos lácteos (2), alimentos (3), fezes (4) e outras fontes (5).

ii.i.iv Material de vidro utilizado

ii.i.iv.i Copo

Foi utilizado um copo de 500 ml (fabrico: borossilicato) para a preparação do meio de ágar MRS. Um copo é um recipiente simples para agitar, misturar e aquecer líquidos, normalmente utilizado em muitos laboratórios. Os copos têm geralmente uma forma cilíndrica, com um fundo plano. A maioria tem também um pequeno bico (ou "quebra") para ajudar a verter. Os copos estão disponíveis numa vasta gama de tamanhos, desde um mililitro até vários litros.) Os copos são frequentemente graduados, ou seja, marcados lateralmente com linhas que indicam o volume contido.

ii.i.iv.ii Balão cónico

Para a titulação das diferentes misturas de sumo (amostras), foi utilizado um frasco cónico de 500 ml (marca: bororsilicato). O frasco cónico é um tipo de frasco de laboratório com fundo plano, corpo cónico e colo cilíndrico. Podem ser graduados e, frequentemente, são utilizados pontos de vidro esmerilado ou de esmalte onde podem ser rotulados com um lápis.

ii.i.iv.iii Tubos de ensaio

Foram utilizados tubos de ensaio (Marca: Borosilicato) para a preparação da lâmina. As diferentes misturas de sumo também foram fermentadas nos tubos de ensaio. Um tubo de ensaio é um tipo de material de vidro de laboratório, composto por um tubo de vidro em forma de dedo, aberto na parte superior, geralmente com um rebordo arredondado na parte superior e um fundo em forma de "U" arredondado.

ii.i.iv.iv Placas de Petri

Foram utilizadas placas de Petri (fabrico: borossilicato) para a contagem padrão de placas (SPC). Trata-se de uma placa cilíndrica pouco profunda, de vidro ou plástico, com tampa, que é utilizada para a cultura de células.

ii.i.iv.v Cilindro de medição

Uma proveta graduada (Marca: Borosilicato) é uma peça de vidro de laboratório utilizada para medir o volume de líquidos. Foi utilizada para medir com precisão o volume de produtos químicos para utilização em reacções. A proveta utilizada é de 100 ml.

ii.i.iv.vi Bureta

A bureta (fabrico: Borossilicato) foi utilizada para a titulação das amostras. Uma bureta é um instrumento vertical em forma de tubo, utilizado para medir e separar quantidades conhecidas de líquidos em laboratórios. As buretas são muito precisas e com elas pode medir-se o volume de um líquido com uma precisão de ±0,05 ml.

ii.i.v Instalação experimental

ii.i.v.i Autoclave

Um autoclave é uma câmara de pressão utilizada para esterilizar equipamento e materiais, submetendo-os a vapor saturado a alta pressão a 121°C (249°F) durante cerca de 15-20 minutos, dependendo do tamanho da carga e do conteúdo. Foi inventado por Charles Chamberland (1879), apesar de um precursor conhecido como digestor a vapor ter sido criado por Denis Papin (1679), o nome vem do grego *auto-*, que significa, em última análise, "eu", e do latim *clavis*, que significa "chave" - um dispositivo de fecho automático. É muito importante assegurar que todo o ar retido é removido do autoclave antes da ativação, uma vez que o ar retido é um meio muito pobre para alcançar a esterilidade. O vapor a 134 °C pode atingir em três minutos a mesma esterilidade que o ar quente a 160 °C pode demorar duas horas a atingir.

ii.i.v.ii Incubadora

A incubadora mantém a temperatura, a humidade e outras condições ideais, como o teor de dióxido de carbono (CO_2) e de oxigénio da atmosfera no interior. As incubadoras são essenciais para muitos trabalhos experimentais em biologia celular, microbiologia e biologia molecular e são utilizadas para cultivar células bacterianas e eucarióticas. As incubadoras mais simples são caixas isoladas com um aquecedor ajustável, que normalmente vai até 60-65°C (140-150°F), embora algumas possam ir ligeiramente mais alto (geralmente não mais de 100°C).

ii.i.v.iii Medidor de pH

O princípio básico do medidor de pH é medir a concentração de iões de hidrogénio. Os ácidos dissolvem-se na água formando iões de hidrogénio com carga positiva (H^+). Quanto maior for esta concentração de iões de hidrogénio, mais forte é o ácido. Do mesmo modo, os álcalis ou bases dissolvem-se na água formando iões de hidrogénio com carga negativa (H^-). Quanto mais forte for uma base, maior será a concentração de iões de hidrogénio com carga negativa. Um valor de pH de 7 indica uma solução neutra. A água pura deve ter um valor de pH de 7. Agora, valores de pH inferiores a 7 indicam uma solução ácida, enquanto um valor de pH superior a 7 indica uma solução alcalina. Uma solução com um valor de pH de 1 é altamente ácida e uma solução com um valor de pH de 14 é altamente alcalina.

ii.i.v.iv Fluxo de ar laminar

É utilizado para controlar a contaminação por partículas, como poeiras ou fiapos, que podem afetar a fiabilidade das peças de precisão. Proporciona um ambiente isento de microorganismos, resultados excelentes e consistentes.

ii.i.v.v Micropipeta

As micropipetas dispensam geralmente líquidos entre 1 e 1000 µl. São geralmente utilizadas para transportar líquidos de um recipiente para outro.

ii.i.v.vi Refratómetro manual

Foi utilizado para determinar o teor de sólidos solúveis totais da amostra de sumo misturado na experiência. O intervalo de medição foi de 0 a 32°Brix.

ii.i.v.vii Aparelho de micro-Kjeldahl

Foi utilizado para a determinação do azoto total após um primeiro aquecimento com ácido sulfúrico conc. A velocidade de reação foi acelerada pela adição de sulfato de sódio para aumentar o ponto de ebulição. O catalisador utilizado foi o sulfato de cobre. A oxidação provocou a conversão do azoto em sulfato de amónio. Após alcalinização com NaOH conc., o amoníaco libertado foi obtido multiplicando o azoto total por um fator empírico.

ii.i.v.viii Extrator de sumo

Era utilizado para extrair o sumo de laranja.

ii.ii Métodos

ii.ii.i Plano Experimental

O plano experimental do trabalho foi apresentado na tabela 2.1 e o processo foi explicado na figura 2.1

Quadro 2.1 Conceção experimental do estudo

Parameters	Levels	Description	Quality parameters
Product	1	Probiotic beverage from whey and orange fermented with *Lactobacillus acidophilus* and *Bifidobacterium bifidium*	pH, TSS, TA, protein, ascorbic acid, microbial analysis and statistical analysis.
Treatments	5	T_0, T_1,T_2,T_3,T_4 and T_5	
Replicates	3	-	
Total no. of samples		30	
Ingredients	4	Whey, orange juice, sugar and cultures (*L. acidophilus* and *B. bifidium*)	
Storage	1	Refrigerating temperature at 4±1°C	
Packaging material	1	Glass bottles	

Standardization of whey orange beverage

(Sensory evaluation)

↓

Processing of the standardized whey orange beverage

↓

Preparation of the culture

↓

Inoculation of culture in whey orange beverage

↓

Incubation of the probiotic blended juice for fermentation

↓

Storage and analysis

(Sensory, physico-chemical and microbiological for every 15 days)

↓

Statistical analysis of the achieved data

Fig 2.1 Fluxograma do processo de preparação da bebida probiótica

ii.ii.ii Preparação da bebida probiótica

A combinação de soro de leite e sumo de laranja foi optimizada através da preparação de uma bebida com diferentes níveis de sumo de laranja e submetida a avaliação sensorial por um painel sensorial treinado, utilizando uma escala hedónica de 9 pontos para cor, consistência, sabor e aceitabilidade global. As várias misturas de soro de leite-sumo de laranja foram preparadas utilizando um nível constante de açúcar de 10%, 80W:20J, 75W:25J, 70W:30J, 65W:35J e 50W:50J. As diferentes misturas foram então fermentadas com *Lactobacillus acidophilus* e *Bifidobacterium bifidium.* O período de incubação foi optimizado através da inoculação de soro de leite com 1% (v/v) de inóculos de *Lactobacillus acidophilus* e *Bifidobacterium bifidium* com a adição de sumo de laranja. A bebida foi avaliada em termos de caraterísticas sensoriais, contagem total de bactérias viáveis, pH, ascórbico

teor de ácido, sólidos solúveis totais, teor de proteínas e acidez titulável para as amostras fermentadas durante 24 h. Para a estabilidade do armazenamento, as amostras de bebidas optimizadas foram armazenadas a

4±1°C. Foram estudadas as alterações nas contagens totais viáveis, no teor de ácido ascórbico, no teor de proteínas e na acidez titulável durante o armazenamento.

ii.ii.iii Análise físico-química

ii.ii.iii.i Determinação da acidez titulável

Princípio

A acidez titulável de uma solução é uma aproximação da acidez total da solução. A acidez titulável de uma solução mede-se fazendo reagir os ácidos presentes com uma base, como o hidróxido de sódio (NaOH), até um ponto final escolhido, próximo da neutralidade, tal como indicado por um indicador de cor sensível ao ácido. A acidez titulável é dada em unidades de g/l, em equivalentes de ácido cítrico.

Reagentes utilizados

- Indicador de fenoptalina.
- Hidróxido de sódio padrão (0,1 N)

Procedimento

Num erlenmeyer de 250 ml, misturam-se 90 ml de água destilada e 10 ml de amostra. Em seguida, colocam-se 50 ml de NaOH 0,1 N numa bureta e titulam-se até ao ponto final. Agitou-se vigorosamente até ao ponto final, que passou de incolor a rosa claro. (Persistiu durante 30 segundos)

Cálculo

O teor de acidez do produto foi calculado pela fórmula seguinte, apresentada na equação 2.1

$$\% \, Acidity = \frac{Titre * Normality\ of\ NaOH * eq.wt.of\ acid * Volume\ made}{Volume\ of sample * Volume\ of\ aliquot\ taken\ for\ estimation * 1000} * 100$$

……Eqn (2.1)

ii.ii.iii.ii Determinação do teor de ácido ascórbico

Princípio

Este método baseia-se na redução do corante 2,6-diclorofenol indofenóis por uma solução ácida de ácido ascórbico. Na ausência de substâncias interferentes, a capacidade de redução do extrato da amostra é diretamente proporcional ao teor de ácido ascórbico.

Reagentes

- Ácido metafosfórico a 3% (HPO_3): Preparado por dissolução de paus ou pastilhas de HPO3 num copo de água destilada.
- Padrão de ácido ascórbico: Pesar com exatidão 100 mg de ácido l-ascórbico e completar o volume a 100 ml com HPO_3 a 3%. Diluir 10 ml para 100 ml com HPO3 a 3% (1 ml = 0,1 mg de ácido ascórbico).
- Solução corante: Dissolver 50 mg de sal de sódio do 2,6-diclorofenol indofenóis em cerca de 150 ml de água destilada quente contendo 42 mg de bicarbonato de sódio. Arrefecer e diluir com água destilada em vidro até 200 ml. Conservar no frigorífico e padronizar todos os dias.

Procedimento

Tomar 5 ml de solução padrão de ácido ascórbico e adicionar 5 ml de HPO_3. Encheu-se a microbureta com um corante. Titulou-se com a solução de corante até obter uma cor rosa que persistiu durante 15 segundos. Determinar o fator de coloração, ou seja, mg de ácido ascórbico por ml de corante, utilizando a fórmula:

Fator de coloração = 0,5 / valor titulado

Tomar 10 a 20 ml da amostra e completar a 100 ml com HPO_3 a 3%. Filtrar ou centrifugar.

Tomar uma alíquota (2 a 10 ml) do extrato de HPO3 da amostra e titular com o corante padrão até um ponto final rosa que persista durante pelo menos 15 segundos, titulando rapidamente para efetuar uma determinação preliminar do título. A alíquota da amostra recolhida não deve exceder 3 a 5 ml.

Cálculo

A quantidade de ácido ascórbico no produto foi calculada utilizando a fórmula dada na equação 2.2

Mg de ácido ascórbico por 100g ou ml =

$$\frac{titre \times dye\ factor \times volume\ made\ up \times 100}{ml\ of\ solutions \times 1000 \times wt\ or\ volume\ of\ sample\ taken\ for\ estimation} \quad \text{......Eqn (2.2)}$$

ii.ii.iii.iii Determinação do pH

Princípio

O pH foi definido como o logaritmo do recíproco da concentração de iões de hidrogénio em g/l. É importante medir a acidez produzida pelas diferentes estirpes de bactérias do ácido lático.

Aparelhos

Medidor digital de pH.

Procedimento

Primeiro, colocou-se água destilada num copo e mergulhou-se a vareta de vidro em água destilada, ajustando-se o pH. Em seguida, a vareta de vidro foi limpa com a ajuda de papel absorvente e, depois, a amostra foi colocada no tubo de ensaio e a vareta de vidro foi mergulhada nele para verificar o pH da amostra. Em seguida, o pH foi registado com a ajuda de um medidor de pH digital.

ii.ii.iii.iv Determinação dos sólidos solúveis totais

Princípio

Os sólidos solúveis totais foram determinados por meio de um refratómetro que mede o índice de refração. O Brix é a medida do sólido solúvel apenas no caso de uma solução de sacarose pura. Geralmente, o sumo de fruta contém mais açúcar do que quaisquer outros constituintes solúveis e, por conseguinte, o Brix fornece um guia útil de sólidos solúveis ou o açúcar contém sólidos solúveis que não a sacarose, o que não afecta a gravidade específica e o índice de refração da mesma fonte e o efeito do índice de refração não é o mesmo que o efeito da gravidade específica.

Aparelhos

Refratómetro manual

Procedimento

A leitura do refratómetro foi determinada colocando uma gota de xarope no prisma e lendo a percentagem correspondente de substância seca a partir de qualquer leitura direta. Para amostras que contêm açúcar invertido, corrigir a percentagem de sólido adicionando 0,022 por cada percentagem de açúcar invertido na amostra. O teste foi efectuado a (20°C à temperatura ambiente). A precisão do refratómetro foi verificada antes da leitura. A temperatura e o índice de refração da água destilada foram anotados para circular através do instrumento ou alguns depois que a leitura foi comparada.

ii.ii.iii.v Determinação das proteínas

Princípio

O método de Micro-Kjeldahl para a determinação do azoto total implica um primeiro aquecimento com ácido sulfúrico concentrado. A velocidade de reação é acelerada pela adição de sulfato de sódio para aumentar o ponto de ebulição. O catalisador utilizado é o sulfato de cobre. A oxidação provocou a conversão do azoto em sulfato de amónio. Após alcalinização com NaOH concentrado, o amoníaco libertado foi destilado em HCl. O teor proteico é obtido multiplicando o azoto total por um fator empírico.

Procedimento

Pesou-se com exatidão cerca de 2 g de amostra e transferiu-se para um balão de Micro-Kjeldahl. Em seguida, adicionaram-se ao balão 4 g de $CuSO_4$ e 10 g de Na_2SO_4. Adicionaram-se 25 ml de H_2SO_4 concentrado. O balão foi aquecido suavemente numa posição inclinada até se obter uma solução de cor azul clara. Em seguida, o balão foi aquecido em lume forte durante três horas. Em seguida, a mistura de digestão foi arrefecida à temperatura ambiente. O digerido foi lavado no balão de destilação com água destilada. Colocou-se o conjunto de destilação no recipiente de recolha e adicionaram-se 50 ml de HCl 0,01N com 2-4 gotas de indicador vermelho de metilo. O aparelho de destilação foi ligado a um tubo de saída mergulhado numa solução de HCl. Adicionaram-se pedaços de Zn metálico ao balão de destilação, que foi cuidadosamente adicionado à mistura de digestão. O balão foi lavado com água. Adicionaram-se cerca de 50-60 ml de NaOH a 50%. Adicionou-se água suficiente ao balão. O H_2O foi introduzido no condensador. A solução foi aquecida e libertou NH_3. O NH_3 libertado foi destilado para uma solução de HCl. O aquecimento foi continuado três vezes, o volume inicial de HCl no recipiente de recolha. Abriu-se a torneira e lavou-se o condensador e o tubo de saída para o recipiente de recolha. O queimador foi desligado. Titulou-se o destilado com NaOH 0,1N e obteve-se uma ligeira coloração rosa. Efectuou-se uma determinação em branco.

ii.ii.iv Avaliação oraganoléptica da bebida probiótica desenvolvida fermentada com *Bifidobacterium bifidium* e *Lactobacillus acidophilus.*

A avaliação sensorial das bebidas de controlo e experimentais foi feita por um painel de cinco juízes, utilizando uma escala hedónica de nove. Os juízes eram do Departamento de Processamento de Alimentos. Os dados foram analisados em termos de variância para comparar a classificação sensorial das amostras. O painel de juízes classificou as amostras de códigos das bebidas, tendo o formato de avaliação sido modificado da seguinte forma

Tabela 2.2 Avaliação oraganoléptica da bebida probiótica desenvolvida fermentada com *Bifidobacterium bifidium* e *Lactobacillus acidophilus.*

Parameters	T_1	T_2	T_3	T_4	T_5
Colour & appearance					
Taste					
Consistency					
Flavour					
Overall Acceptability					

Cartão de pontuação

9- Como extremamente

8- Gosto muito

7- Gosto moderado

6- Gostar ligeiramente

5- Nem gosto nem não gosto

4- Não gosto ligeiramente

3- Não gosto moderadamente

2- Não gosto muito

1- Não gosto muito

ii.ii.v Análise microbiológica

ii.ii.v.i Determinação da contagem total de organismos viáveis pelo método SPC

A contagem de células viáveis (ufc/ml) foi determinada pelo método padrão de contagem em placas com meio MRS a pH 5,5. Foram colhidas amostras de bebida probiótica de soro de leite com laranja. Seis tubos de 9 ml de solução de Ringer foram rotulados de 1 a 6 e colocados num suporte de tubos de ensaio. As placas de Petri foram rotuladas para diluição de 10^{-3} a 10^{-6} em duplicado. Transferiu-se 1 ml de amostra para o tubo de ensaio n.º 1. 1. A pipeta foi então descartada e a cultura foi diluída 10 vezes para 10^{-1}. Em seguida, retirou-se 1 ml de amostra do tubo de ensaio n.º 1 e transferiu-se para o tubo de ensaio n.º 2 com uma pipeta nova. A cultura foi então diluída 100 vezes e isto foi repetido até à diluição 10^{-6}. A partir da diluição $10^{(-3)}$, tomou-se 1 ml de suspensão e transferiu-se para as placas. O mesmo foi repetido para 10^{-4}, 10^{-5} e 10^{-6}. A temperatura do ágar fundido foi mantida a 45°C. O ágar foi então vertido em 8 placas diferentes e rodado suavemente para uma distribuição uniforme das células no meio. Quando o ágar solidificou, as placas foram incubadas numa posição invertida durante 24 horas a 37°C.

ii.ii.vi Análise estatística

Na análise estatística foi aplicado o método da média. A média aritmética do valor da replicação foi tomada. Em seguida, foram obtidos os valores máximos e mínimos de todas as contagens microbianas, valores físico-químicos e valores nutricionais durante o armazenamento.

A fórmula da média aritmética utilizada foi dada na equação 2.3

$$A = \frac{1}{n}\sum_{i=1}^{n} xi \qquad \text{...... Eqn (2.3)}$$

Capítulo 3

III. RESULTADOS E DISCUSSÃO

As experiências foram conduzidas para estudar a preparação, a avaliação da qualidade e o prazo de validade da bebida probiótica de soro de leite e laranja. Os estudos sobre a qualidade basearam-se nas caraterísticas físico-químicas (ou seja, proteínas, teor de ácido ascórbico, pH, sólidos solúveis totais e acidez titulável) e nas caraterísticas sensoriais. A acidez titulável, as contagens totais viáveis, o teor de proteínas e o teor de ácido ascórbico foram determinados durante o armazenamento. As caraterísticas da bebida probiótica de soro de leite e laranja foram influenciadas pelo material de embalagem, pelas condições ambientais de armazenamento e pelos constituintes químicos da bebida. Os estudos de armazenamento foram efectuados com intervalos de 15 a 45 dias. Os resultados do estudo são apresentados e discutidos na secção seguinte.

iii.i Desenvolvimento de uma bebida probiótica à base de soro de leite e laranja

A bebida probiótica de soro de leite e laranja foi preparada misturando soro de leite e sumo de laranja em diferentes proporções, ou seja, T1 (80:20), T2 (75:25), T3 (70:30), T4 (65:35) e T5 (50:50). Todas as bebidas probióticas preparadas foram então fermentadas durante 24 horas com *Bifidobacterium bifidium* e *Lactobacillus acidophilus* e as suas contagens viáveis foram verificadas. Todas as amostras preparadas foram depois acondicionadas em garrafas de vidro e armazenadas a uma temperatura refrigerada de 4°C.

iii.ii Efeito do tempo de fermentação na bebida probiótica desenvolvida utilizando *Bifidobacterium bifidium* e *Lactobacillus acidophilus*

As contagens viáveis foram avaliadas após 5, 15, 20 e 24 h de incubação a 37°C para a bebida probiótica desenvolvida fermentada com *Bifidobacterium bifidium* e *Lactobacillus acidophilus.* À medida que a quantidade de sumo de laranja aumentou nas bebidas probióticas, houve uma diminuição nas contagens totais viáveis. Mas em cada bebida probiótica fermentada com *Bifidobacterium bifidium* e *Lactobacillus acidophilus* a contagem total viável aumentou significativamente com o aumento do tempo de fermentação de 5 para 24 h. Tanto a bebida probiótica de soro de leite como a de sumo de laranja com soro de leite atingiram uma contagem total viável de mais de 10^6ufc/ml em 24 horas de fermentação. Os resultados foram mostrados na tabela 3.1 e apresentados graficamente na fig. 3.1. Como a fermentação de 24 horas mostrou contagens viáveis máximas, todas as bebidas probióticas foram fermentadas durante 24 horas para análise posterior.

O stress induzido pode ser devido às diferenças entre a pré-cultura e o meio de fermentação, o que resultou na diminuição da taxa de crescimento na fase inicial do processo de fermentação. O caldo MRS, como pré-cultura, tem um pH de cerca de 5,6, mas o pH inicial do soro de laranja era relativamente mais baixo (cerca de 4,0). **Holzapfel *et al.* (2000)** apresentaram resultados semelhantes.

Tabela 3.1 Efeito do tempo de fermentação na bebida probiótica desenvolvida utilizando *Bifidobacterium bifidium* (colónias em 108)

Fermentation time(h)	T_0	T_1	T_2	T_3	T_4	T_5
5	0.24	0.47	0.43	0.42	0.39	0.36
15	4.02	5.76	5.64	5.44	5.34	5.07
20	7.18	7.19	7.13	6.98	6.88	6.49
24	8.03	8.58	8.47	8.32	8.29	8.12

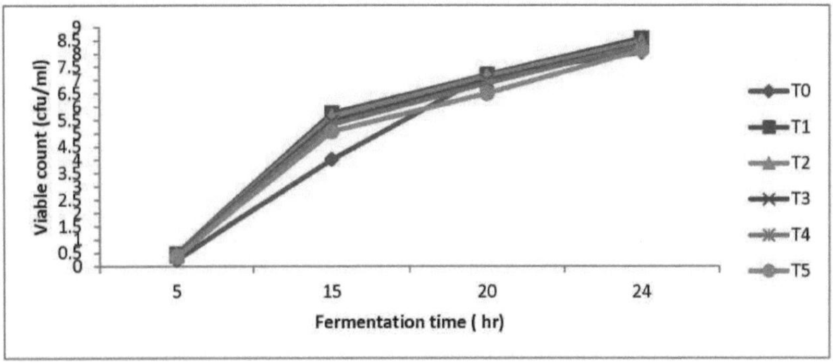

Fig 3.1 Efeito do tempo de fermentação na bebida probiótica desenvolvida utilizando *ifidobacterium bifidium* (colónias em 10^8)

Tabela 3.2 Efeito do tempo de fermentação na bebida probiótica desenvolvida utilizando Lactobacillus acidophilus (colónias em 108)

Fermentation time(h)	T_0	T_1	T_2	T_3	T_4	T_5
5	0.22	0.47	0.43	0.42	0.39	0.36
15	6.79	5.73	5.59	5.41	5.30	5.02
20	9.24	7.16	7.03	6.92	6.83	6.45
24	9.79	8.54	8.43	8.3	8.25	8.06

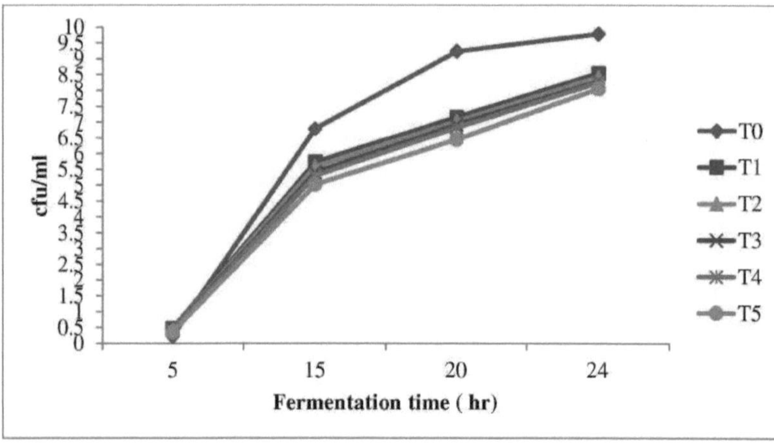

Fig 3.2 Efeito do tempo de fermentação na bebida probiótica desenvolvida utilizando *Lactobacillus acidophilus* (colónias em 10^8)

iii.iii Efeito da fermentação nas propriedades físico-químicas das bebidas probióticas desenvolvidas utilizando *Lactobacillus acidophilus* e *Bifidobacterium bifidium*

A bebida probiótica desenvolvida fermentada com *Bifidobacterium bifidium* e *Lactobacillus acidophilus* foi fermentada durante 24 h. De seguida, foram determinadas as propriedades físico-químicas de cada bebida probiótica. O pH das diferentes bebidas probióticas probióticas diminuiu à medida que a quantidade de laranja aumentou nas bebidas probióticas. O pH das diferentes bebidas probióticas T1, T2, T3, T4 e T5 fermentadas com *Bifidobacterium bifidium* variou entre 3,89 e 3,34. Os resultados foram mostrados na tabela 3.3 e apresentados graficamente na fig. 3.3. O pH de bebidas probióticas semelhantes fermentadas com *Lactobacillus acidophilus* variou entre 3,85 e 3,33. Os resultados foram mostrados na tabela 4.4 e apresentados graficamente na fig. 4.8. Contagens viáveis mais elevadas durante o período inicial de fermentação resultaram numa redução comparativa do pH do soro de leite fermentado juntamente com sumo de laranja. O resultado foi apoiado por **Shukla *et al.* (2013)**. O TSS (sólidos solúveis totais) das diferentes bebidas probióticas fermentadas com *Bifidobacterium bifidium* variou de 14,4 a 12, os resultados foram mostrados na tabela 3.3 e apresentados graficamente na fig. 3.4 e o das bebidas probióticas fermentadas com *Lactobacillus acidophius* variou de 14,37 a 11,9. Os resultados foram mostrados na tabela 3.4 e apresentados graficamente na fig. 3.9. O SST da bebida probiótica depende principalmente da proteína do soro de leite e do açúcar. O SST da bebida probiótica diminui à medida que a quantidade de sumo de laranja aumenta na bebida. A acidez titulável das bebidas probióticas fermentadas com *Bifidobacterium bifidium* variou de 0,897 a 1,008, os resultados foram mostrados na tabela 4.3 e apresentados graficamente na fig. 3.5 e a das bebidas probióticas fermentadas com *Lactobacillus acidophilus* variou de 0,895 a 1,005. Os resultados foram mostrados na tabela 3.4 e apresentados graficamente na fig. 3.10. Como consequência do processo de fermentação, é de esperar uma variação dos açúcares fermentáveis e uma acumulação de acidez. O conteúdo de ácido ascórbico em mg/100ml das bebidas probióticas fermentadas com *Bifidobacterium bifidium* variou de 38,52 a 52,31, os resultados foram mostrados na tabela 4.3 e apresentados graficamente na fig. 3.6 e o das bebidas probióticas fermentadas com *Lactobacillus acidophilus* variou de 38,49 a 52,29. Os resultados foram mostrados na tabela 3.4 e apresentados graficamente na fig. 3.11. O conteúdo proteico das bebidas probióticas fermentadas com *Bifidobacterium bifidium* variou de 0,51 a 0,19, os resultados foram mostrados na tabela 3.3 e apresentados graficamente na fig. 3.7 e o das bebidas probióticas fermentadas com *Lactobacillus acidophilus* variou de 0,49 a 0,17. Os resultados foram mostrados na tabela 3.4 e apresentados graficamente na fig. 3.12. O conteúdo proteico das bebidas probióticas diminui, uma vez que as proteínas do soro de leite são mais susceptíveis ao tratamento térmico e são desnaturadas a uma temperatura de 70°C e superior com a redução do pH. **Prendergast (1985)** apresentou os mesmos resultados.

3.3 Efeito da fermentação nas propriedades físico-químicas das bebidas probióticas desenvolvidas utilizando *Bifidobacterium bifidium*.

Parameters	T_0	T_1	T_2	T_3	T_4	T_5

pH	4.6	3.89	3.71	3.62	3.53	3.34
TSS(°Brix)	16.3	14.4	13.9	13.1	12.8	12
TA (%)	1.353	0.897	0.926	0.954	0.988	1.008
Ascorbic Acid (mg/100ml)	0	38.52	40.96	43.62	45.27	52.31
Protein (%)	0.7	0.51	0.42	0.35	0.28	0.19

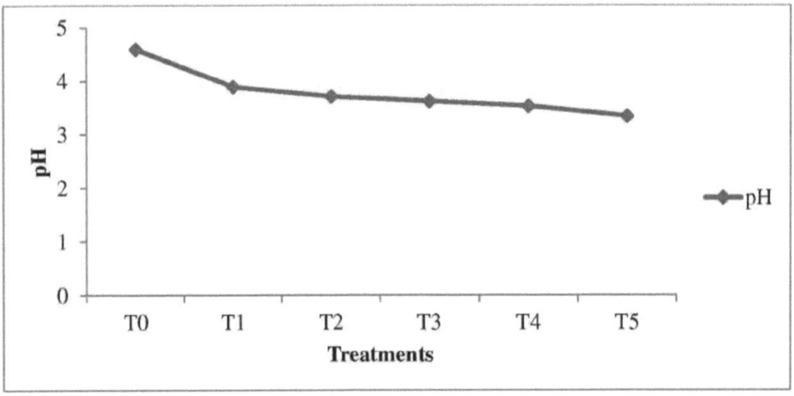

Fig 3.3 Efeito da fermentação no pH das bebidas probióticas desenvolvidas utilizando *Bifidobacterium bifidium*

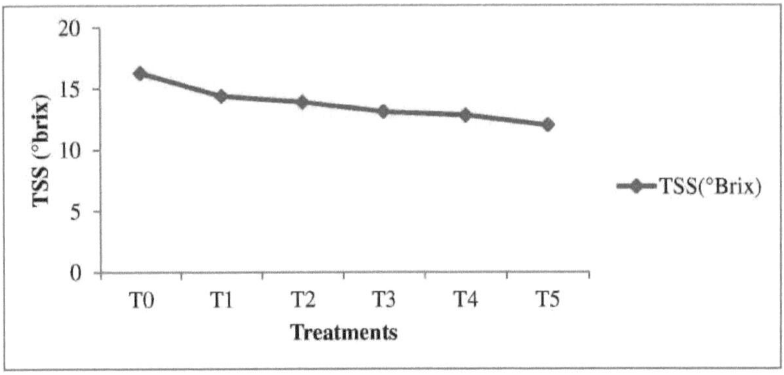

Fig 3.4 Efeito da fermentação no SST das bebidas probióticas desenvolvidas utilizando *Bifidobacterium bifidium*

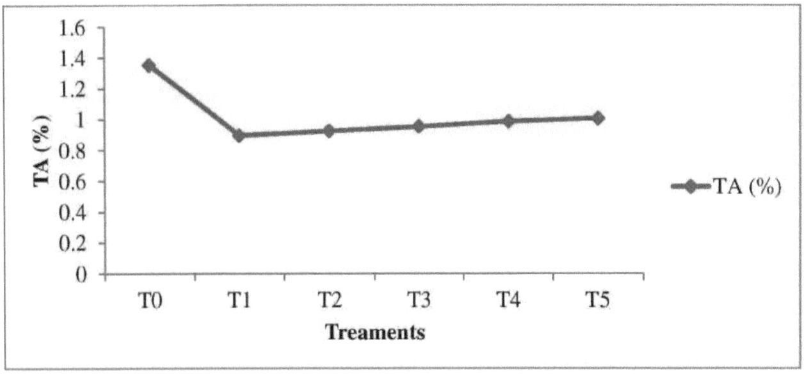

Fig 3.5 Efeito da fermentação na TA das bebidas probióticas desenvolvidas utilizando *Bifidobacterium bifidium*

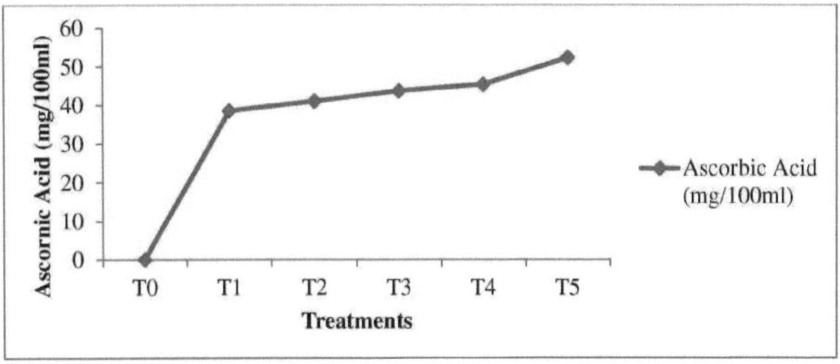

Fig 3.6 Efeito da fermentação no teor de ácido ascórbico das bebidas probióticas desenvolvidas utilizando *Bifidobacterium bifidium*

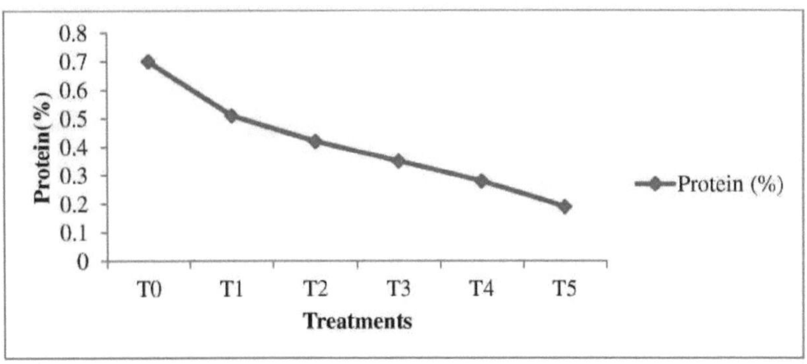

Fig 3.7 Efeito da fermentação no teor proteico das bebidas probióticas desenvolvidas

utilizando *Bifidobacterium bifidium*

Tabela 3.4 Efeito da fermentação nas propriedades físico-químicas da bebida probiótica desenvolvida utilizando *Lactobacillus acidophilus*

Parameters	T_0	T_1	T_2	T_3	T_4	T_5
pH	4.6	3.85	3.69	3.6	3.51	3.33
TSS(°Brix)	16.3	14.37	13.88	12.9	12.7	11.9
TA(%)	1.351	0.895	0.923	0.951	0.982	1.005
Ascorbic Acid(mg/100ml)	0	38.49	40.92	43.59	45.25	52.29
Protein(%)	0.7	0.49	0.4	0.33	0.26	0.17

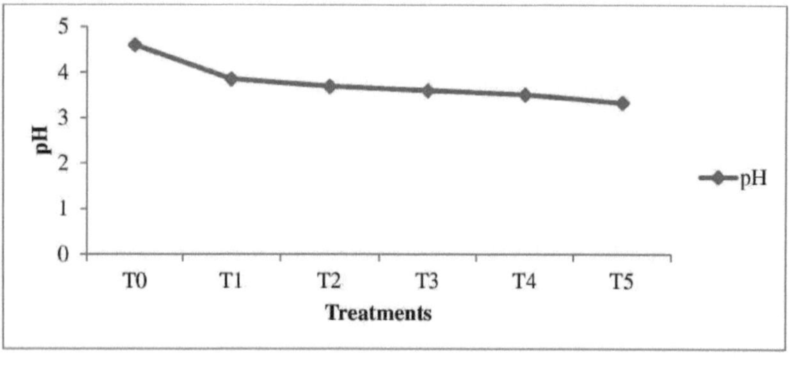

Fig 3.8 Efeito da fermentação no pH da bebida probiótica desenvolvida utilizando *Lactobacillus acidophilus*

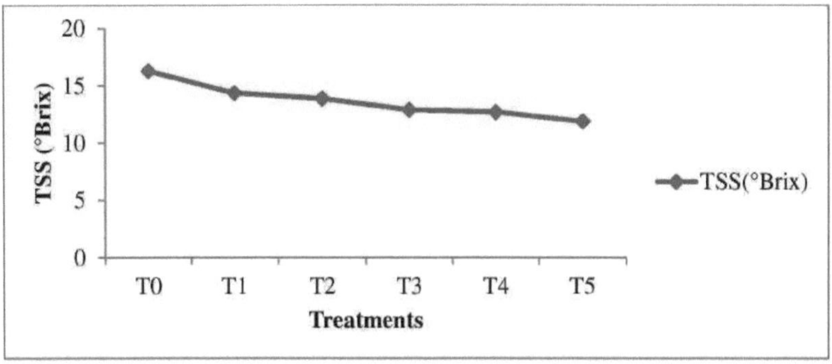

Fig 3.9 Efeito da fermentação no SST da bebida probiótica desenvolvida utilizando *Lactobacillus acidophilus*

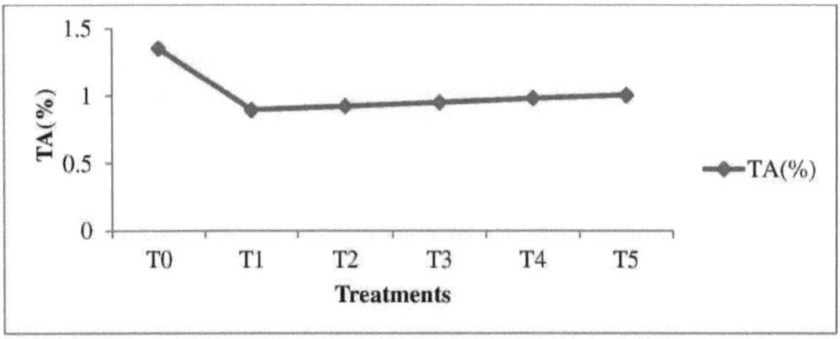

Fig 3.10 Efeito da fermentação na TA da bebida probiótica desenvolvida utilizando *Lactobacillus acidophilus*

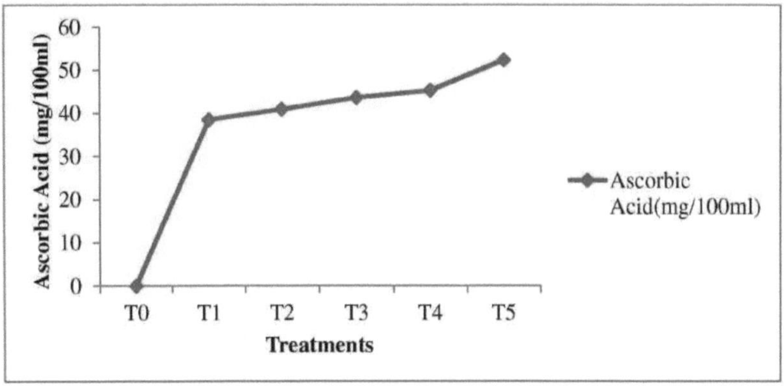

Fig 3.11 Efeito da fermentação no teor de ácido ascórbico da bebida probiótica desenvolvida utilizando *Lactobacillus acidophilus*

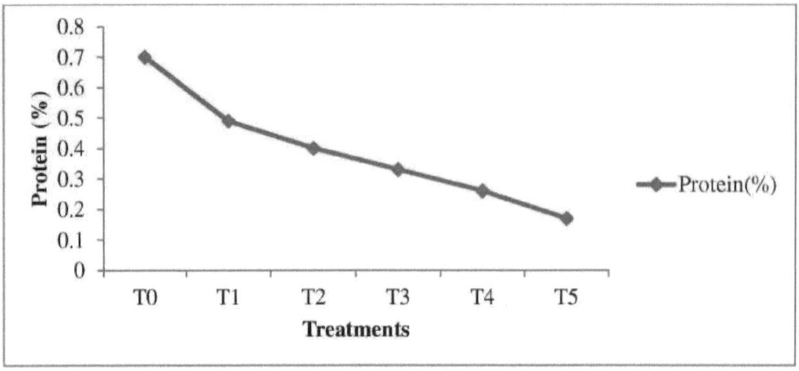

Fig 3.12 Efeito da fermentação no teor proteico da bebida probiótica desenvolvida utilizando *Lactobacillus acidophilus*

iii.iv Efeito da fermentação nas propriedades organolépticas da bebida probiótica desenvolvida utilizando *Bifidobacterium bifidium* e *Lactobacillus acidophilus*

Em todas as bebidas probióticas fermentadas com *Bifidobacterium bifidium* e *Lactobacillus acidophilus*, os pontos que representam a pontuação média dos seus diferentes parâmetros como a cor, o sabor, o aroma e a aceitabilidade global foram apresentados nas tabelas 4.5 e 4.6. Os resultados foram apresentados graficamente nas figuras 3.13 e 3.14. Os resultados revelaram que a cor, o sabor, o aroma e a aceitabilidade global da bebida probiótica 4 (65:35) obtêm o melhor resultado em ambas as bebidas fermentadas com *Bifidobacterium bifidium* e *Lactobacillus acidophilus.*

Os resultados acima referidos declaram, a partir da avaliação físico-química e sensorial, que apenas a bebida probiótica T4 (65:35) apresentou os melhores resultados de ambas as amostras fermentadas com espécies bacterianas. Por conseguinte, para o estudo do prazo de validade, apenas a bebida probiótica 4 (65:35) foi selecionada.

Tabela 3.5 Efeito da fermentação nas propriedades organolépticas da bebida probiótica desenvolvida utilizando *Bifidobacterium bifidium*

Parameters	T_1	T_2	T_3	T_4	T_5
Colour & appearance	6.31	6.93	7.18	7.93	6.48
Taste	6.34	6.89	7.19	7.51	6.74
Consistency	6.37	6.87	7.25	7.81	7.89
Flavour	6.18	6.75	7.37	8.37	7.23
Overall Acceptability	6.3	6.86	7.24	7.90	7.08

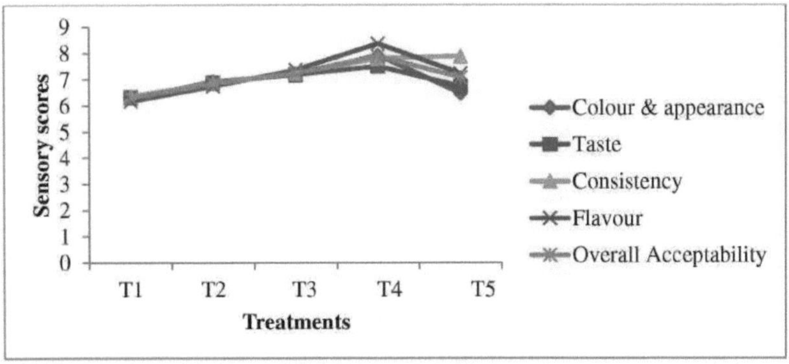

Fig 3.13 Efeito da fermentação nas propriedades organolépticas da bebida probiótica desenvolvida utilizando *Bifidobacterium bifidium*

Tabela 3.6 Efeito da fermentação nas propriedades organolépticas da bebida probiótica desenvolvida utilizando *Lactobacillus acidophilus*

Parameters	T_1	T_2	T_3	T_4	T_5

Colour & appearance	6.28	6.91	7.15	7.91	6.45
Taste	6.31	6.86	7.14	7.48	6.71
Consistency	6.35	6.84	7.21	7.77	7.85
Flavour	6.15	6.73	7.34	8.35	7.21
Overall Acceptability	6.27	6.83	7.21	7.87	7.05

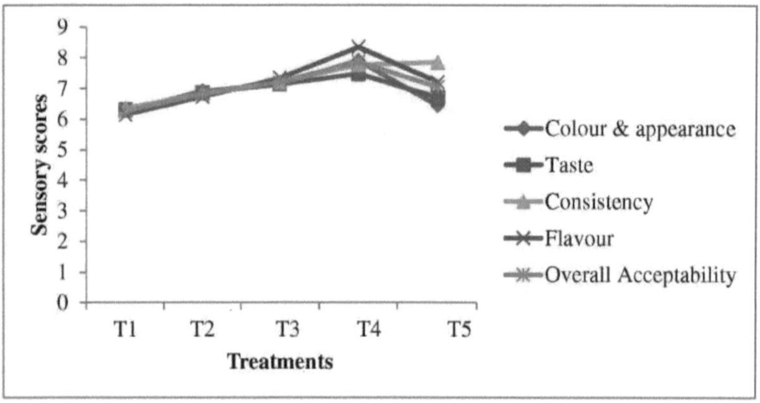

Fig 3.14 Efeito da fermentação nas propriedades organolépticas da bebida probiótica desenvolvida utilizando *Lactobacillus acidophilus*

iii.v Efeito do período de armazenamento na contagem total de viáveis e na acidez da bebida probiótica desenvolvida (65:35) utilizando *Bifidobacterium bifidium* e *Lactobacillus acidophilus*

A bebida probiótica desenvolvida T4 (65:35) fermentada com *Bifidobacterium bifidium* e *Lactobacillus acidophilus* foi embalada em garrafas de vidro e armazenada a 4±1°C. O sumo foi avaliado quanto às contagens totais viáveis e à composição nutricional após cada 15 dias. A contagem total de bactérias viáveis na bebida probiótica fermentada com *Bifidobacterium bifidium* e *Lactobacillus acidophilus* diminuiu de $8,29\times10^{8}$ para $5,8\times10^{7}$ e de $8,25\times10^{8}$ para $5,2\times10^{7}$, respetivamente. Os resultados foram apresentados nos quadros 3.7 e 3.8, respetivamente. Os resultados foram apresentados graficamente nas figuras 3.15 e 3.19, respetivamente. Verificou-se uma alteração nominal na acidez ao armazenar as amostras durante 45 dias em ambas as bebidas probióticas fermentadas com *Bifidobacterium bifidium* e *Lactobacillus acidophilus*. A diminuição da contagem viável deve-se à diminuição do pH do meio e à acumulação de ácido orgânico como resultado do crescimento e da fermentação. À medida que o pH do meio diminui, a acidez titulável aumenta.

Na composição nutricional, o teor de ácido ascórbico diminuiu de 45,27 (mg/100ml) para 42,17 (mg/100ml) na bebida probiótica fermentada com *Bifidobacterium bifidium* e de 45,25 (mg/100ml) para 42,14 (mg/100ml) na bebida probiótica fermentada com *Lactobacillus acidophilus*. Os resultados foram apresentados nas tabelas 3.7 e 3.8. Os resultados foram representados graficamente nas figuras 3.18 e 3.22, respetivamente. Observou-se que houve uma ligeira diminuição do teor de ácido ascórbico durante o período de armazenamento de 45 dias. Isto pode ser devido à pasteurização do sumo e à exposição à luz. Registaram-se alterações nominais no teor de proteínas.

Tabela 3.7 Efeito do período de armazenamento na bebida probiótica desenvolvida T4 (65:35) utilizando *Bifidobacterium bifidium*.

Storage period (in days)	Viable count (cfu/ml)	Acidity (%)	Protein (%)	Ascorbic acid (mg/100ml)
0	8.29	0.926	0.28	45.27
15	6.62	0.929	0.26	44.43
30	5.17	0.932	0.25	43.65
45	0.58	0.941	0.24	42.17

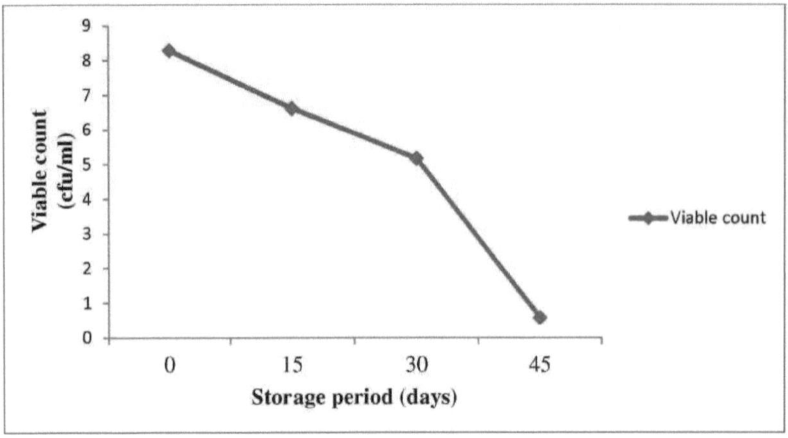

Fig 3.15 Efeito do período de armazenamento na contagem total de viáveis da bebida probiótica desenvolvida T4 (65:35) utilizando *Bifidobacterium bifidium*

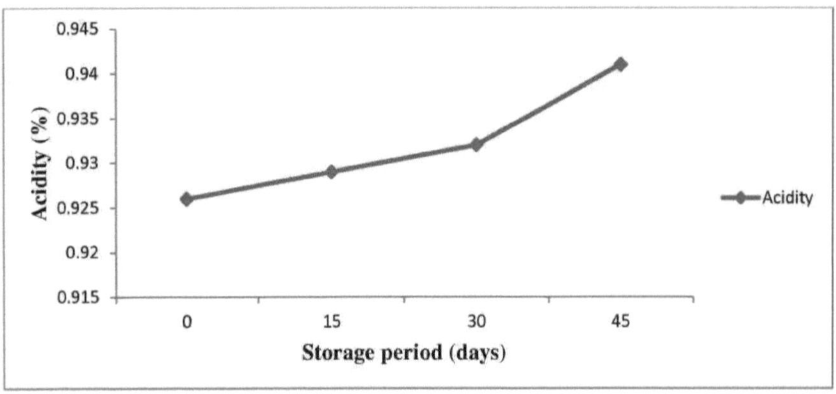

Fig 3.16 Efeito do período de armazenamento na acidez da bebida probiótica desenvolvida T4 (65:35) utilizando *Bifidobacterium bifidium*

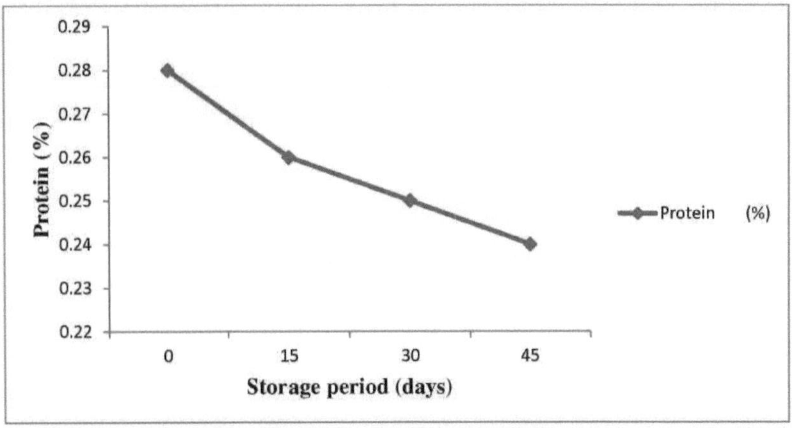

Fig 3.17 Efeito do período de armazenamento no teor proteico da bebida probiótica desenvolvida T4 (65:35) utilizando *Bifidobacterium bifidium.*

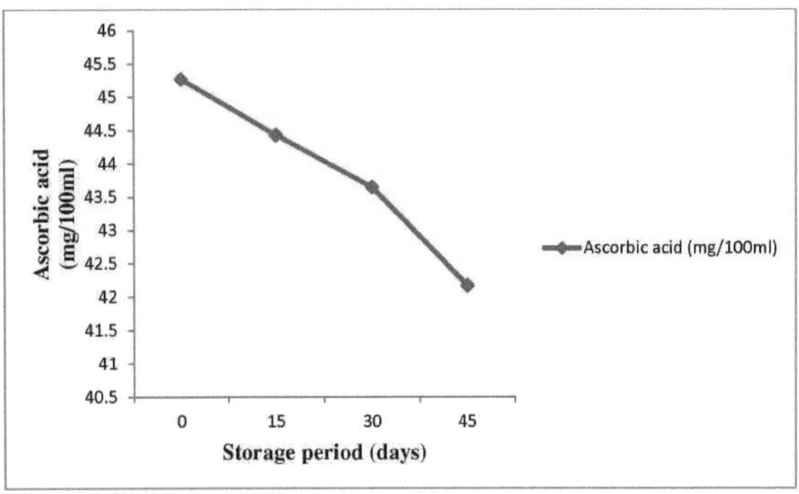

Fig 3.18 Efeito do período de armazenamento no teor de ácido ascórbico da bebida probiótica desenvolvida T4 (65:35) utilizando *Bifidobacterium bifidium.*

Tabela 3.8 Efeito do período de armazenamento na bebida probiótica desenvolvida T4 (65:35) utilizando *Lactobacillus acidophilus*.

Storage period (in days)	Viable count (cfu/ml)	Acidity (%)	Protein (%)	Ascorbic acid (mg/100ml)
0	8.25	0.923	0.26	45.25
15	6.57	0.928	0.24	44.41
30	5.13	0.936	0.23	43.63
45	0.52	0.953	0.21	42.14

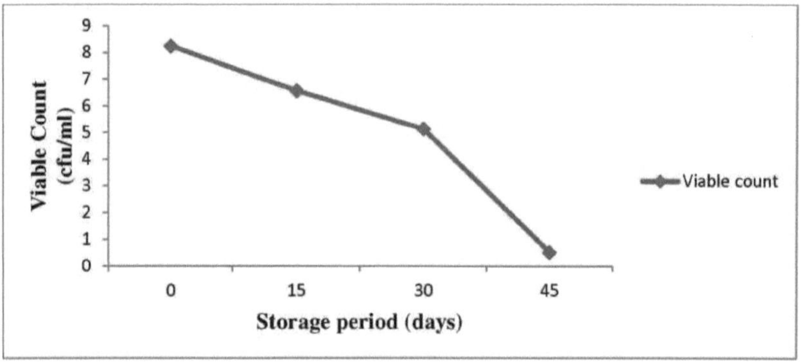

Fig 3.19 Efeito do período de armazenamento na contagem de viáveis da bebida probiótica desenvolvida T4 (65:35) utilizando *Lactobacillus acidophilus*.

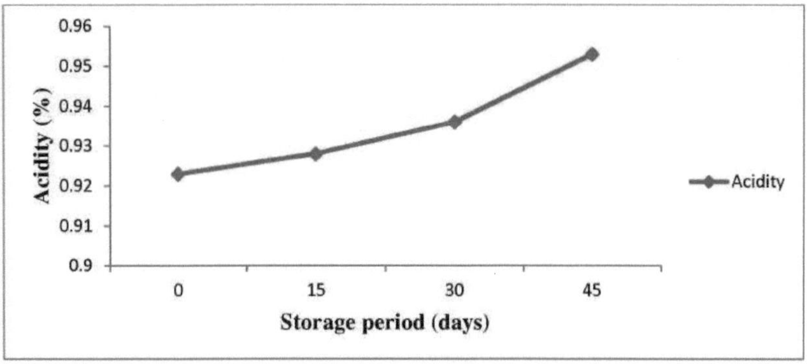

Fig 3.20 Efeito do período de armazenamento na acidez da bebida probiótica desenvolvida T4 (65:35) utilizando *Lactobacillus acidophilus.*

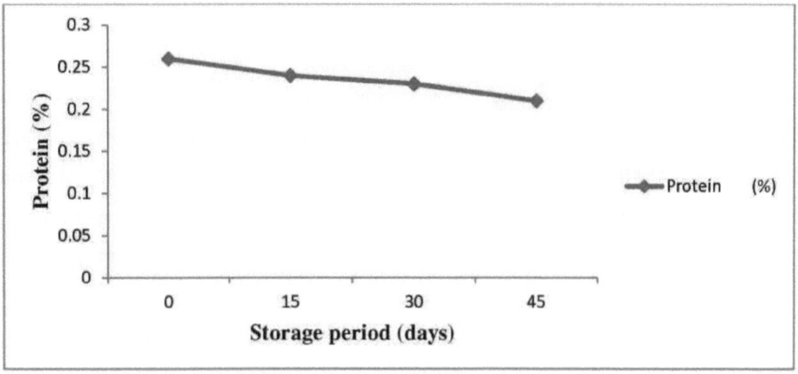

Fig 3.21 Efeito do período de armazenamento no teor proteico da bebida probiótica desenvolvida T4 (65:35) utilizando *Lactobacillus acidophilus.*

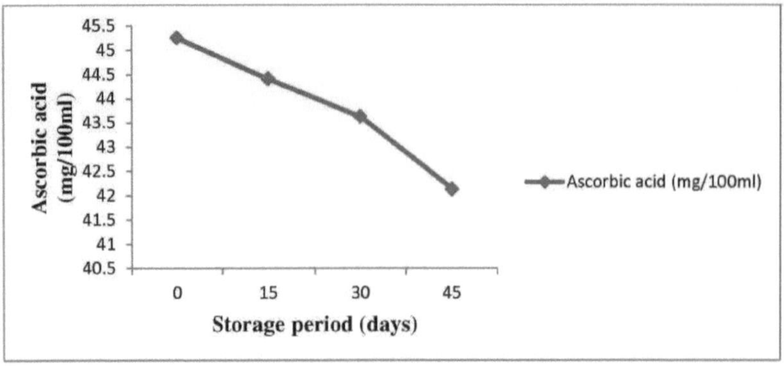

Fig 3.22 Efeito do período de armazenamento no teor de ácido ascórbico da bebida probiótica desenvolvida T4 (65:35) utilizando *Lactobacillus acidophilus.*

iii.vi Efeito do período de armazenamento na contagem viável de leveduras e bolores da bebida probiótica desenvolvida (65:35)

Algumas espécies de microrganismos crescem em produtos alimentares com pH baixo, mas os resultados mostram que não houve atividade microbiana, incluindo bactérias acidófilas, bactérias lácticas, leveduras e bolores durante um período de 45 dias a 4°C nas amostras de bebidas de sumo de fruta. A análise microbiana foi efectuada através da contagem padrão em placa para leveduras e bolores. O SPC foi feito em duplicado e foi analisado durante 45 dias de armazenamento a cada 15 dias de intervalo. Os resultados apresentados na tabela 3.9 mostram que o crescimento do produto em diluições de 10^5 foi nulo. Assim, o produto estava apto para continuar a ser armazenado.

Tabela 3.9 Efeito do período de armazenamento na contagem viável de colónias de leveduras e bolores (em 10^3) da bebida probiótica desenvolvida (65:35)

Storage period (in days)	10^{-1}	10^{-2}	10^{-3}	10^{-4}	10^{-5}
0	0.53	-	-	-	-
15	0.59	-	-	-	-
30	1.09	64	11000	-	-
45	1.20	108	58000	-	-
60	2.08	185	67000	-	-

Capítulo 4

IV. RESUMO E CONCLUSÃO

A bebida probiótica de soro de leite e laranja foi preparada para avaliar a qualidade nutricional associada ao soro de leite, utilizando-o como uma bebida saudável para proporcionar benefícios para a saúde da proteína e dos minerais do soro de leite e adicionando os sabores sedutores e a riqueza da laranja com a incorporação das bactérias probióticas *Lactobacillus acidophilus* e *Bifidobacterium bifidium*. Este capítulo trata da descrição do resumo e das conclusões alcançadas durante o trabalho experimental para atingir os objectivos desejados do estudo intitulado "Desenvolvimento de uma bebida probiótica a partir de soro de leite e sumo de laranja".

iv.i Resumo

Com base no estudo, foram tiradas as seguintes conclusões:

O sumo misturado foi preparado adicionando soro de leite e laranja na proporção de 80:20, 75:25, 70:30, 65:35 e 50:50. A probiotização das diferentes misturas foi efectuada com 1% de

innoculucm (v/v) de *Bifidobacterium bifidium* e *Lactobacillus acidiphilus* para produzir a bebida probiótica. As condições de crescimento da estirpe probiótica foram optimizadas e mantidas através da avaliação da contagem viável às 5, 15, 20 e 24 horas de incubação. A contagem viável aumentou até às 24 horas. Todas as misturas apresentam contagens viáveis máximas às 24 horas de incubação. Assim, as diferentes misturas de sumo foram inoculadas com 1% de *Lactobacillus acidophilus* e *Bifidobacterium bifidium* e incubadas durante 24 horas, sendo depois armazenadas a 4°C para avaliações posteriores.

A análise físico-química foi efectuada para diferentes misturas fermentadas com *Bifidobacterium bifidium* e *Lactobacillus acidophilus*. O pH dos diferentes tratamentos fermentados com *Bifidobacterium bifidium* variou de 3,89 a 3,34 e o dos tratamentos fermentados com *Lactobacillus acidophilus* variou de 3,85 a 3,33. O TSS variou de 14,4 a 12 nos tratamentos com *Bifidobacterium bifidium* e de 14,37 a 11,9 nos tratamentos fermentados com *Lactobacillus acidophilus.*

A acidez titulável dos tratamentos variou de 1,008 a 0,897 e de 1,005 a 0,895 na bebida probiótica produzida fermentada com *Bifidobacterium bifidium* e *Lactobacillus acidophilus*, respetivamente. O teor de ácido ascórbico dos tratamentos variou de 38,52 a 52,31 e de 38,49 a 52,29 na bebida probiótica produzida fermentada com *Bifidobacterium bifidium* e *Lactobacillus acidophilus*, respetivamente. O teor de proteínas das misturas fermentadas com *Bifidobacterium bifidium* variou de 0,51 a 0,19 e as misturas fermentadas com *Lactobacillus acidophilus* variaram de 0,49 a 0,17. De acordo com a análise sensorial, verificou-se que, das 5 misturas, a Mistura 4, com soro de leite e laranja numa proporção de 65:35, foi a mais bem aceite em comparação com os outros tratamentos, tanto na fermentação com *Bifidobacterium bifidium* como *com Lactobacillus acidophilus*. Por isso, esta mistura foi utilizada para análises posteriores.

As contagens totais viáveis e a composição nutricional foram avaliadas a cada 15 dias de intervalo durante 45 dias. As contagens totais viáveis na mistura fermentada com *Bifidobacterium bifidium* diminuíram de $8{,}29\times10^{8}$ para $5{,}8\times10^{7}$ e *Lactobacillus acidophilus* diminuiu de $8{,}25\times10^{8}$ para $5{,}2\times10^{7}$. Na composição nutricional, o teor de ácido ascórbico diminuiu de 45,27 (mg/100ml) para 42,17 (mg/100ml) na mistura fermentada com *Bifidobacterium bifidium* e de 45,25 (mg/100ml) para 42,14 (mg/100ml) na mistura fermentada com *Lactobacillus acidophilus*. Isto pode dever-se à pasteurização do sumo e à exposição à luz. O estudo do prazo de validade do sumo probiótico preparado foi estudado. Verificou-se que a contagem microbiana era aceitável e a contagem de leveduras e bolores era nula, o que mostrava que o produto podia ser armazenado durante 45 dias.

iv.ii CONCLUSÃO

O estudo revelou uma bebida probiótica de qualidade satisfatória com valor terapêutico preparada utilizando uma mistura 63:35 de soro de leite e sumo de laranja inoculada com 1 % (v/v) de *Lactobacillus acidophilus* e *Bifidobacterium bifidium* e incubada durante 24 horas com um prazo de validade de 45 dias. A contagem microbiana encontrada foi de $8{,}29\times10^{8}$ ufc/ml na bebida fermentada *de Bifidobacterium bifidium* e de $8{,}25\times10^{8}$ ufc/ml na bebida fermentada de *Lactobacillus acidophilus*. Os valores de pH, TSS, TA, teor de ácido ascórbico e proteína determinados foram 3,62, 13,1°Brix, 0,926%, 45,27mg/100ml e 0,28%, respetivamente, na bebida fermentada com *Bifidobacterium bifidium*. Os valores de pH, TSS, TA, teor de ácido ascórbico e proteína determinados foram 3,51, 12,7°Brix, 0,923%, 45,25mg/100ml e 0,26%, respetivamente, na bebida fermentada com *Lactobacillus acidophilus*. Também demonstrou que a mistura de soro de laranja serve como uma boa matriz de fruta para a fermentação de *Lactobacillus acidophilus* e *Bifidobacterium bifidium*. Os resultados também mostraram que a bebida fermentada com *Bifidobacterium bifidium* tinha melhores propriedades do que a mesma mistura fermentada com *Lactobacillus acidophilus*. Com base nos resultados acima revelados no presente estudo, pode concluir-se que a bebida de sumo probiótico formulada foi capaz de satisfazer o gosto e as preferências do consumidor.

REFERÊNCIAS

Almeida K.E, Tamime A.Y, Oliveira M.N (2007). Influência do teor de sólidos totais do soro de leite no perfil acidificante e na viabilidade de várias bactérias lácticas. *Journal of Food Science and Technology* 42 672-678.

Aneja (1997). "Whey production", *Journal of Food Science and Technology.* 4: 64-67

Aramide A.A, Abiose A.H, Adeniran A.H (2009). Avaliação microbiana de uma bebida probiótica a partir de extrato de roseira brava. *Jornal Africano de Ciência Alimentar* Vol. 1(12), 385-392.

Arasaratnam V (1996). Suplementação de soro de leite com glucose e diferentes fontes de azoto para a produção de ácido lático por Lactobacillus delbrueckii. *Journal of Enzyme and Microbial Technology* 0229(95):00147-6

Bachmonn (1977). Role of lactose in the diet of diabetic patients. *Swiss Federal Dairy ResearchStation, Liebefield,* Berna, Suíça

Barbosa J, Borges S, Teixeira P (2015). Influência de stresses sub-letais na sobrevivência de bactérias lácticas após spray-drying em sumo de laranja. *Journal of Food Microbiology*. 52 77e83.

Bastani P, Homayouni A, Tabrizian V.G, Somayeh Ziyadi (2012). Alimentos probióticos lácteos e vaginose bacteriana: Uma Revisão sobre o Mecanismo de Ação. *Intech* doi.org/10.5772/50083.

Bhat A.R, Irorere V.U, Bartlett T, Hill D, Kedia G, Charalampopoulos D, Nualkaekul S, I. Radecka I (2014). Melhorar a sobrevivência de bactérias probióticas usando bacterialpoly-γ-glutamic acid. *Jornal Internacional de Microbiologia Alimentar* 196 24-31.

Blandino A, Al-Aseeri M.E, Pandiella S.S, Cantero D, Webb C (2002). Alimentos e bebidas fermentados à base de cereais. *Food Research International* 36 (2003) 527-543

Brandelli A, Meira S. M, Helfer V. E, Velho R. V, Lopes F. C (2012). Potencial probiótico de Lactobacillus spp. isolados de queijo de ovelha regional brasileiro. *Journal of Dairy Research* (2012) 79 119-127.

Brotons V, Arroyave D, Betoret A, Mayor N, Gras M.L (2010). Cenouras enriquecidas com bactérias probióticas por impregnação a vácuo conferência intrnl sobre inovação alimentar.

Cakmakci S, Turgut T, Gurses M, Erdogan A (2010). Propriedades probióticas, qualidades sensoriais e estabilidade de armazenamento de iogurtes probióticos de banana. *Turkish Journal of Veterinarian Animal Science* 36(3): 231-237

Castro W. F, Cruz A. G, Bisinotto M. S, Guerreiro L. M. R, Faria J. A. F, Bolini H. M. A, Cunha R. L, Deliza R (2013). Desenvolvimento de bebidas lácteas probióticas: Propriedades reológicas e aplicação de modelos matemáticos na avaliação sensorial. *Journal of Dairy Science* 96 :16-25, 2013.

Daneshi M, Ehsani M.R, Razavil S.H, Labbafi S (2013). Efeito do armazenamento refrigerado na sobrevivência probiótica e nas propriedades sensoriais da bebida mista de leite/sumo de cenoura. *Revista eletrónica de biotecnologia.* 0717-3458

Daneshi M, Ehsani M. R, Razavil S. H, Labbafil M, Rezaee M. S (2102). Efeito do armazenamento a frio na viabilidade de bactérias probióticas no leite fortificado com cenoura. *Jornal de Nutrição da Ciência dos Alimentos*, 2012, 2:9.

Dixit G, Samarth D, Tale V, Bhadekar R (2013). Estudos comparativos sobre potenciais caraterísticas probióticas das estirpes *de Lactobacillus acidophilus. EurAsian Journal of BioSciences* 7, 1-9.

Duary R.K, Rajput Y.S, Batish V.K, Grover S (2010). Avaliação da adesão de *lactobacilos* probióticos indígenas putativos a células epiteliais do cólon humano. *Indian Journal of Med Res* 134 664-671.

Espanzo Y.R, Navarro Y.G (2010). Produtos probióticos não lácteos. Journal of *Food Microbiology* 27 (2010) 1- 11.

Fooks L.J, Gibson G.R (2002). Probiotics as modulators of the gut flora. *British Journal of Nutrition* 88: 39-49.

Fuller R, Perdigon G, Rastall R.A (2008). The Health Benefits of Probiotics and Prebiotics, Gut

Flora, Nutrition, Immunity and Health. *Jornal de Investigação Médica*, 4658.

Granato D, Branco G. F, Nazzaro F, Cruz A. G, Faria J. A. F (2010). Alimentos Funcionais e Desenvolvimento de Alimentos Probióticos Não Lácteos: *Tendências, Conceitos e Produtos*, 2010.

Holzapfel W.H, Haberer P, Snel J, Schillinger U, Huis In'T Veld , J.H.J (1998). Visão geral da flora intestinal e dos probióticos. *Jornal Internacional de Microbiologia Alimentar* 41: 85101.

Irkin R, Songun G.E (2012). Aplicações de bactérias probióticas para os produtos de picles de vegetais. *Sci. Revs. Chem. Commun.* 2(4), 2012, 562-567.

Khurana H.K, Kanawjia S.K (2007). Tendências recentes no desenvolvimento de leites fermentados. *Urrent Nutrition and Food Science,* 3, 91-108.

Kim H.S, Jeong S.G, Ham J.S, Chae H.S, Lee J.M, Ahn C. N (2006). Propriedades antioxidantes e probióticas do *Lactobacillus gasseri* NLRI-312 isolado das fezes de bebés coreanos. *Asian-Aust. J.* Anim. Sci. Vol. 19, No. 9, 2006 : 1335 - 1341.

Klewicka E, Czyzowska A (2011). Estabilidade Biológica do Sumo de Beterraba Lactofermentado Durante o Armazenamento Refrigerado. *Jornal Polaco de Nutrição e Ciência Alimentar.* 61(4): 251-256.

Kumar B.V, Sreedharamurthy M. Reddy O.V.S (2013). Análise físico-química de sumos de fruta frescos e probióticos com *lactobacillus casei. Revista Internacional de Ciência Aplicada e Biotecnologia* Vol. 1(3): 127-131.

Li J, Zhang W, Wang C, Yu Q, Dai R, Pei X (2012). *Lactococcus lactis* que expressa β-galactosidase de qualidade alimentar alivia os sintomas de intolerância à lactose em ratos Balb/c pós-desmame. *Microbiologia Aplicada e Biotecnologia.*

Luckow T, Delahunty C (2005). Que sumo é "mais saudável"? Um estudo de consumidor de bebidas de sumo não lácteas probióticas. *Food Quality and Preference* 15: 751-759.

Madureira A.R, Soares J.C, Gomes A.M.P, Pintado M.E, Freitas A.C, Malcata F.X (2007).

Matrizes de queijo de soro doce inoculadas com *Lactobacillus paracasei*. *Lait* 88:649-665.

Malek R. A, Hamdan S. B, Hesham A, El Enshasy, Othman N. Z, Zainol N. A, Sarmidi M. R, Aziz R. A (2010). Produção de *Lactobacillus salivarius*, uma nova estirpe probiótica isolada do leite materno humano , em escala semi-industrial e estudos sobre a sua caraterização funcional. *Revista de Microbiologia Aplicada* 8: 279-284

Martins E.M.F, Ramos A.M, Vanzela E.S.L, Strigheta P.C, de Oliveira C.L, Martins J.M (2013). Produtos de origem vegetal: Uma nova alternativa para o consumo de bactérias probióticas. *Food Research International* 51 (2013) 764- 770.

Marafon A.P, Sumim A, Alcantara M.R, Tamine A.Y, Oliveira M.N (2012). Otimização das propriedades reológicas de iogurtes probióticos suplementados com proteínas do leite. *Lebenson. Wiss.Technol*. 44:511-519.

Mortazavian M.R.E, Mousavi S.M, Sohrabvandi S.K, Reinheimer J.A (2007). Efeito da temperatura de armazenamento refrigerado sobre a viabilidade dos microrganismos probióticos no iogurte. *International Journal of Dairy Technology*. 60(2).

Mousavi Z.E, Mousavi S.M, Razavi S.H, Djomeh Z.E, Kiani S (2010). Fermentação do sumo de romã por bactérias probióticas do ácido lático. *Jornal Mundial de Biotecnologia Microbiológica*.

Nichols A.W (2007). Probióticos e desempenho atlético: A systematic review. *Current Sports Medicine Reports, 6,* 269-273.

O'Bryan C.A, Pak D, Crandall P.G, Lee S.O, Ricke S.C (2013). O papel dos prebióticos e probióticos na saúde humana. *Journal of Probiotics & Health*. 1:2.

Pakbin B, Seyyed H.R, Razzagh M, Payman G (2014). Produção de sumo de pêssego probiótico. *Biotech Health* Science. 1(3): e24683.

Pareira A.L.F, Maciela T.C, Rodriguesa S (2009). Sumo de maçã de caju probiótico. *Food Research International* 8: 279-284

Parvez S, Malik K.A, Kang S.A, Kim H.Y (2005). Os probióticos e os seus produtos alimentares fermentados são benéficos para a saúde. *Jornal de microbiologia aplicada* (2) 100: 1171-1185.

Prendergast K (1985). Bebida de soro de leite - tecnologia de processamento e comercialização. *International Journal of Dairy Technology,* 38: 103-105

Pyne D. B, Gleeson M (1998). Effects of intensive exercise training on immunity in athletes. *International Journal of sports Medicine*, 19(Suppl. 3), S183-S191.

Ranadheera RDCS, Banes S.K, Adams M.C (2010). Importância dos alimentos na eficácia dos probióticos. *Food Research International,* 43, 1-7.

Rezazadeh S, Marhamatizadeh M.H, Kazemeini F, Kazemi M.R (2012) O Estudo das Condições do Produto de Sumo Probiótico Suplementado por Cultura de *Lactobacillus acidophilus* e *Bifidobacterium bifidum*. *Jornal do Médio Oriente de Investigação Científica* 11 (3): 287-295, 2012.

Ronnqvist Daniel, Strom Helena, Forsgren-Brusk Ulla, Hakansson Eva Grahn (2005). Seleção e caraterização de uma estirpe *de Lactobacillus plantarum* promissora como probiótico urogenital. *Microbial Ecology in Health and Disease*. 17: 75-/82.

Sanders M.E, Gibson Glenn, Gill H.S (2007). Probióticos: O seu potencial de impacto na saúde humana. *Conselho para a Agricultura, Ciência e Tecnologia,* n.º 36; 413-40-02., 22(1), 115.

Sheehan V.M, Ross P, Fitzgerald G.F (2007). Avaliação da tolerância ao ácido e da robustez tecnológica das culturas probióticas para fortificação em sumos de fruta. *Ciência Alimentar Inovadora e Tecnologias Emergentes* 8: 279-284.

Shukla M, Jha Y.K, Admassu S (2013). Desenvolvimento de Bebida Probiótica a partir de Soro de Leite e Sumo de Ananás. *Jornal de Tecnologia de Processos Alimentares*, 4:2

Strompfova V, Marcinakova A, Gancarcikova S, Jonecova Z, Scirankova L, Guba P, Koscova J, Boldizarova K, Laukova A (2005). Nova estirpe probiótica *Lactobacillus fermentum* AD1 e o seu efeito em codornizes japonesas. *Vet. Med. - Checa,* 50, (9): 415-420.

Tamminen M, Salminen S, Ouwehand A.C (2013). Fermentação de sumo de cenoura por probióticos: Viabilidade e Preservação da Adesão. *Revista Internacional de Biotecnologia para as Indústrias do Bem-Estar,* 2013, 2, 10-15.

Tantipaibulvut S, Soontornsophan C, Luangviphusavanich S (2008). Fermentação de sumo de rosela por bactérias lácticas. *Asian Journal of Food and Agro-Industry* , 1(04), 213-222.

Yoon K. K, Woodams E.E, Hang Y.D (2004). Probioticação do sumo de tomate por bactérias do ácido lático. *Journal of Food Process Technology* 2004; 42(4): 315- 8

MIX
Papier aus verantwortungsvollen Quellen
Paper from responsible sources
FSC® C105338

Printed by Books on Demand GmbH, Norderstedt / Germany